I0037903

Mohamed Arezki Mellal

Electronique Générale

Mohamed Arezki Mellal

Electronique Générale

Notes de Cours avec Exercices Corrigés

Presses Académiques Francophones

Impressum / Mentions légales

Bibliografische Information der Deutschen Nationalbibliothek: Die Deutsche Nationalbibliothek verzeichnet diese Publikation in der Deutschen Nationalbibliografie; detaillierte bibliografische Daten sind im Internet über http://dnb.d-nb.de abrufbar.

Alle in diesem Buch genannten Marken und Produktnamen unterliegen warenzeichen-, marken- oder patentrechtlichem Schutz bzw. sind Warenzeichen oder eingetragene Warenzeichen der jeweiligen Inhaber. Die Wiedergabe von Marken, Produktnamen, Gebrauchsnamen, Handelsnamen, Warenbezeichnungen u.s.w. in diesem Werk berechtigt auch ohne besondere Kennzeichnung nicht zu der Annahme, dass solche Namen im Sinne der Warenzeichen- und Markenschutzgesetzgebung als frei zu betrachten wären und daher von jedermann benutzt werden dürften.

Information bibliographique publiée par la Deutsche Nationalbibliothek: La Deutsche Nationalbibliothek inscrit cette publication à la Deutsche Nationalbibliografie; des données bibliographiques détaillées sont disponibles sur internet à l'adresse http://dnb.d-nb.de.

Toutes marques et noms de produits mentionnés dans ce livre demeurent sous la protection des marques, des marques déposées et des brevets, et sont des marques ou des marques déposées de leurs détenteurs respectifs. L'utilisation des marques, noms de produits, noms communs, noms commerciaux, descriptions de produits, etc, même sans qu'ils soient mentionnés de façon particulière dans ce livre ne signifie en aucune façon que ces noms peuvent être utilisés sans restriction à l'égard de la législation pour la protection des marques et des marques déposées et pourraient donc être utilisés par quiconque.

Coverbild / Photo de couverture: www.ingimage.com

Verlag / Editeur:
Presses Académiques Francophones
ist ein Imprint der / est une marque déposée de
OmniScriptum GmbH & Co. KG
Bahnhofstraße 28, 66111 Saarbrücken, Deutschland / Allemagne
Email: info@omniscriptum.com

Herstellung: siehe letzte Seite /
Impression: voir la dernière page
ISBN: 978-3-8416-3677-5

Avant propos

Cet ouvrage a pour but de présenter un résumé du cours d'électronique générale avec des exercices corrigés.

— Le premier chapitre introduit la lecture des résistances qui représente une notion importante pour le bon choix de ces dernières dans le montage des circuits électroniques.

— Le deuxième chapitre regroupe les principaux outils de calcul des grandeurs électriques et de simplification des circuits : phénomène de transfert d'énergie, lois de Kirchhoff, théorèmes de Thévenin et de Norton, principe de superposition et des exercices corrigés.

— Le troisième chapitre traite une définition simplifiée des semi-conducteurs et les diodes : simple, Zener, LED et bien d'autres. Différentes applications des diodes sont également présentées, le redressement mono/double alternance et l'écrêtage. Ce chapitre se termine par des exercices corrigés.

— Le quatrième chapitre aborde les transistors bipolaires NPN/PNP, leurs caractéristiques de fonctionnement, ainsi que des exercices corrigés.

— Enfin, le dernier chapitre expose les concepts de base du transistor à effet de champ JFET.

Ces chapitres explorent les connaissances de base nécessaires aux cycles licence, master et ingénieur.

Juin 2015,
Dr. Mohamed Arezki MELLAL
Maître de Conférences/B
Email : mellal.mohamed@univ-boumerdes.dz

Table des matières

Chapitre I

Résistances (Lecture)

Suivant la norme CEI60757 (Commission Electrotechnique Internationale), la résistance est identifiée par des anneaux de couleur. Chaque couleur correspond à un chifftre.

Il est à noter que la résistance doit être orientée dans le bon sens afin de lire sa valeur :

- la résistance à un anneau doré ou argenté, ce dernier doit être placé à droite.
- dans d'autres cas, c'est l'anneau le plus large qu'il faut placer à droite.
- le premier est celui qui est placé le plus près d'une extrémité.

Il existe *trois types* de résistances (celles à 4 anneaux, 5 anneaux et 6 anneaux) :

- Pour les résistances à 4 anneaux, les deux premiers anneaux sont les chiffres significatifs, le troisième est le multiplicateur et le quatrième est la tolérance (précision).
- Pour les résistances à 5 et 6 anneaux, les trois premiers anneaux donnent les chiffres significatifs, le quatrième donnent le multiplicateur, le cinquième donne la tolérance et le sixième donne le coefficient de croissance de la résistance en fonction de la température $R(T)$ [1].

---

1. L'unité de ce coefficient est PPM/K ou $PPM/°C$ (Partie par million. Un PPM correspond à un rapport de 10^{-6})

Sens de lecture

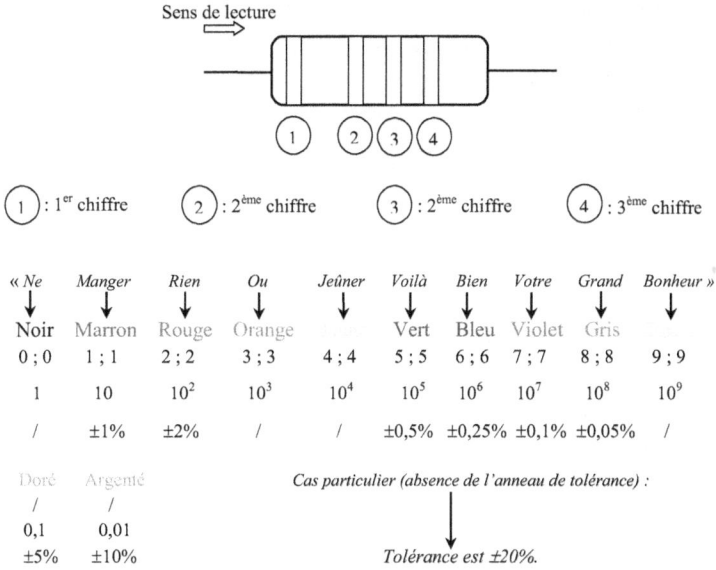

$\boxed{1}$: 1er chiffre $\boxed{2}$: 2ème chiffre $\boxed{3}$: 2ème chiffre $\boxed{4}$: 3ème chiffre

« Ne	Manger	Rien	Ou	Jeûner	Voilà	Bien	Votre	Grand	Bonheur »
Noir	Marron	Rouge	Orange		Vert	Bleu	Violet	Gris	
0 ; 0	1 ; 1	2 ; 2	3 ; 3	4 ; 4	5 ; 5	6 ; 6	7 ; 7	8 ; 8	9 ; 9
1	10	10^2	10^3	10^4	10^5	10^6	10^7	10^8	10^9
/	±1%	±2%	/	/	±0,5%	±0,25%	±0,1%	±0,05%	/

Doré	Argenté	Cas particulier (absence de l'anneau de tolérance) :
/	/	
0,1	0,01	
±5%	±10%	Tolérance est ±20%.

Figure I.1 – Lecture d'une résistance à 4 anneaux.

Exemple :
La figure I.2 représente un exemple d'une résistance à quatre anneaux.

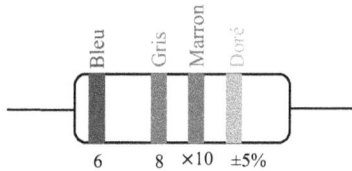

Figure I.2 – Exemple de lecture d'une résistance

$$R = 68 \times 10 = 680\Omega \text{ à 5\% près.} \tag{I.1}$$

N.B : Cas du sixième anneau « coefficient de température ($PPM/°C$ ou PPM/K) :
Marron : 100.
Rouge : 50.

Orange : 15.
Jaune : 25.
Noir : 200.
Violet : 5.
Blanc : 1.
Bleu : 10.

Chapitre II

Outils de calcul pour les circuits électroniques

II.1 Transfert d'éneregie

Le transfert d'énergie dans un système dynamique physique[1] régit deux variables par analogie :

- effort (e) « ce qu'on *applique* ».
- flux (f) « ce qui *circule* ».

Par définition, la puissance est le produit de l'effort par le flux :

$$P \text{ [Watt]} = e \times f \tag{II.1}$$

Exemples :

En électronique

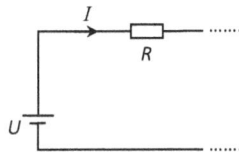

Figure II.1 – Exemple de transfert d'énergie dans un système électrique

La figure II.1 représente une source de tension $U = 10$V produisant un courant $I = 1$mA :

---

1. Système mécanique, électronique, hydraulique ou autre.

- Effort : tension appliquée U.
- Flux : courant circulant dans le circuit I.

$$P = e \times f = U \times I \tag{II.2}$$

En mécanique de translation
- Effort : force appliquée F.
- Flux : vitesse linéaire V.

$$P = e \times f = F \times V \tag{II.3}$$

En hydraulique
- Effort : pression appliquée Pre.
- Flux : débit volumique Q.

$$P = e \times f = Pre \times Q \tag{II.4}$$

II.2 Lois de Kirchhoff

II.2.1 Loi des nœuds

Par définition, un nœd est l'intersection des flux d'énergie (intersection des fils). La loi de conservasion d'énergie stipule que la somme des flux entrants est égale à la somme des flux sortants.

La figure II.2 représente deux courants entrants et deux courants sortants, soit :

$$I_1 + I_2 = I_3 + I_4 \tag{II.5}$$

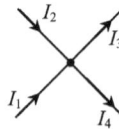

Figure II.2 – Loi des nœuds

La généralisation de l'équation II.5 devient :

$$\sum_{i=1}^{n} I_i(courants\ entrants) = \sum_{j=1}^{m} I_j(courants\ \text{sortants}) \qquad \text{(II.6)}$$

Où :

n : est le nombre des courants entrants.

m : est le nombre des courants sortants.

II.2.2   Loi des mailles

Par définition, l'effort appliqué sur un système est égal à la somme des efforts respectifs appliqués au niveau de chaque composant monté en série[2].

La figure II.3 représente une source de tension appliquant une tension U à une maille contenant n dipôles électriques[3].

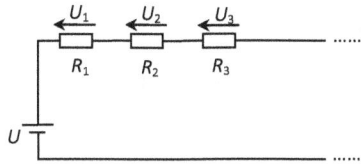

Figure II.3 – Loi des mailles

$$U = U_1 + U_2 + U_3 + ... + U_n = \sum_{i=1}^{n} U_i \qquad \text{(II.7)}$$

N.B :

- Courant des composants en série est identique.
- Tension des composants en parallèle est identique.

Par conséquent : l'emplacement du voltmètre et de l'ampèremètre doit être adéquat. Les figures II.4 et II.5 représentent réspectivement la mesure du courant et de la tension au niveau d'une résistance.

Dans plusieurs appareils de mesure, la lecture se fait grâce à une aiguille (lecture analogique). La valeur mesurée est déterminée comme suit :

---

2. Les composants montés mutuellement en parallèle nécessite le même effort à leurs bornes

3. Un dipôle électrique est un composant électrique possédant deux bornes, tels que les lampes et les résistances.

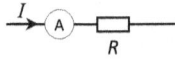

Figure II.4 – Emplacement de l'ampèremètre

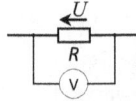

Figure II.5 – Emplacement du voltmètre

$$Valeur \text{ (V ou A)} = Lecture \times \frac{Calibre}{Echelle} \qquad (II.8)$$

II.3 Loi de division de tension

La loi de division de tension permet de déterminer la valeur de la tension aux bornes d'un composant dans une maille branchée à une tension U.

Exemple 1 :

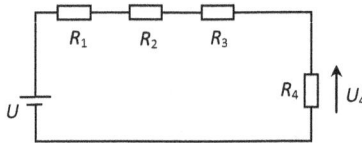

Figure II.6 – Loi de division de tension (Exemple 1)

La tension U_4 aux bornes de la résistance R_4 (voir figure II.6) est :

$$U_4 = U \times \frac{R_4}{R_1 + R_2 + R_3 + R_4} \qquad (II.9)$$

où :

$$U = \sum_{i=1}^{4} U_i \qquad (II.10)$$

Exemple 2 :

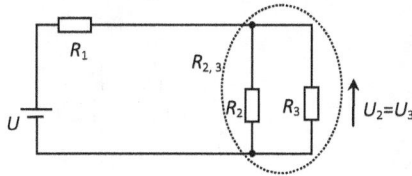

Figure II.7 – Loi de division de tension (Exemple 2)

La tension aux bornes des résistances R_2 et R_3 montées en parallèle est la même ($U_2 = U_3$) (voir figure II.7) :

$$U_{2,3} = U_2 = U_3 = U \times \frac{R_{2,3}}{R_1 + R_{2,3}} \tag{II.11}$$

où :

$$R_{2,3} = R_2 \parallel R_3 = \frac{R_2 \times R_3}{R_2 + R_3} \tag{II.12}$$

II.4   Loi de division du courant

La loi de division du courant permet de déterminer le courant dans une branche.

Exemple 1 (Deux branches) :

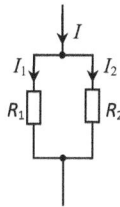

Figure II.8 – Loi de division du courant (Exemple à deux branches)

Le courant I_1 représenté sur la figure II.8 est déterminé comme suit :

$$I_1 = I \times \frac{R_2}{R_1 + R_2} \tag{II.13}$$

Exemple 2 (Trois branches) :

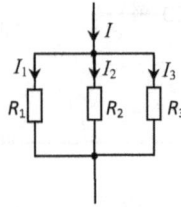

Figure II.9 – Loi de division du courant (Exemple à deux branches)

Le courant I_1 représenté sur la figure II.9 est déterminé comme suit :

$$I_1 = I \times \frac{R_{2,3}}{R_1 + R_{2,3}} \qquad \text{(II.14)}$$

où :

$$R_{2,3} = R_2 \parallel R_3 = \frac{R_2 \times R_3}{R_2 + R_3} \qquad \text{(II.15)}$$

Exemple 3 (N branches) :

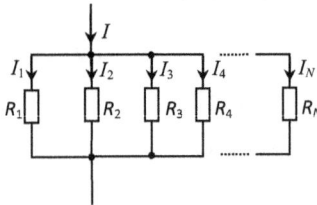

Figure II.10 – Loi de division du courant (Exemple à N branches)

Le courant I_1 représenté sur la figure II.10 est déterminé comme suit :

$$I_1 = I \times \frac{R_{2,...,N}}{R_1 + R_{2,...,N}} \qquad \text{(II.16)}$$

où :

$$R_{2,...,N} = \frac{1}{\frac{1}{R_2} + ... + \frac{1}{R_N}} \qquad \text{(II.17)}$$

II.5 Théorème de Thévenin

II.5.1 But

Le théorème de Thévenin permet de convertir une partie d'un réseau complexe en un dipôle plus simple.

On remplace le circuit linéaire[4] qui alimente via deux bornes A et B un dipôle D, par un générateur de tension idéal (E_{Th}) en série avec une résistance (R_{Th}) (voir figure II.11).

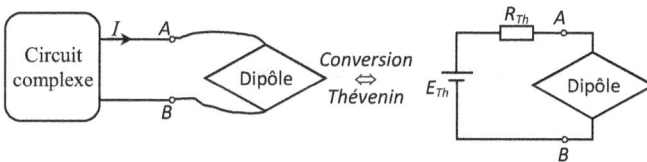

Figure II.11 – Conversion d'un circuit complexe en circuit de Thévenin

II.5.2 Calcul de E_{Th} et R_{Th}

Valeur de E_{Th} :

Elle est égale à la ddp (différence de potentiel) mesurée entre A et B quand le dipôle D est débranché (circuit ouvert entre A et B).

Valeur de R_{Th} :

Elle est égale à la résistance mesurée entre A et B quand le dipôle D est débranchée et que les générateurs sont remplacés par leurs résistances internes (s'il y a lieu). Il est à noter que le générateur de tension est remplacé par un court circuit et le générateur de courant par un circuit ouvert.

Exemple 1 :

Appliquer le théorème de Thévenin au niveau du dipôle représenté sur la figure II.12.

$$E_{Th} = E \times \frac{R_2}{R_1 + R_2} \tag{II.18}$$

---

4. Circuit constitué de dipôles linéaires ($u(t)$ et $i(t)$ sont liés par une équation différentielle à coefficients constants).

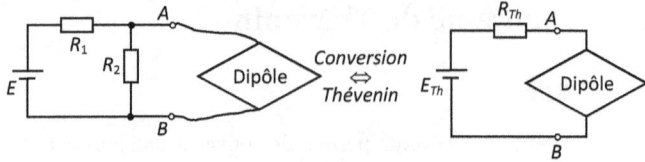

Figure II.12 – Conversion en circuit de Thévenin (Exemple 1)

$$R_{Th} = \frac{R_1 \times R_2}{R_1 + R_2} \qquad (\text{II.19})$$

Exemple 2 :

Appliquer le théorème de Thévenin au niveau du dipôle représenté sur la figure II.13.

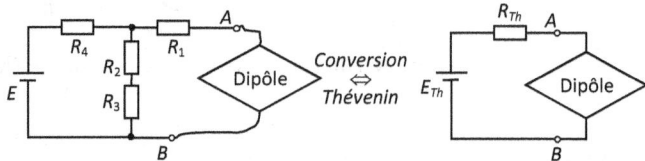

Figure II.13 – Conversion en circuit de Thévenin (Exemple 2)

En appliquant le théorème de Thévenin, R_1 n'est pas prise en considération lors du calcul de E_{Th}, car le circuit est considéré ouvert entre A et $B \implies$ le courant ne passe pas à travers R_1.

$$E_{Th} = E \times \frac{(R_2 + R_3)}{R_4 + (R_1 + R_2)} \qquad (\text{II.20})$$

$$R_{Th} = R_1 + [(R_2 + R_3) \parallel R_4] \qquad (\text{II.21})$$

II.6 Théorème de Norton

II.6.1 But

Le théorème de Norton permet de convertir une partie d'un réseau complexe en un dipôle plus simple.

On remplace le <u>circuit linéaire</u> qui alimente via deux bornes A et B un dipôle D, par un <u>générateur de courant idéal</u> (I_N) en <u>parallèle</u> avec une résistance (R_N) (voir figure II.14.

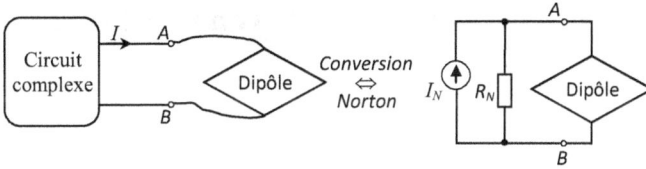

Figure II.14 – Conversion d'un circuit complexe en circuit de Norton

II.6.2   Calcul de I_N et R_N

Valeur de I_N :

La valeur de R_N peut être calculée comme R_{Th}.

Valeur de I_N :

On calcul VAB (tension entre A et B à circuit ouvert) pour en déduire I_N.

Exemple :

Appliquer le théorème de Norton au niveau du dipôle représenté sur la figure II.15.

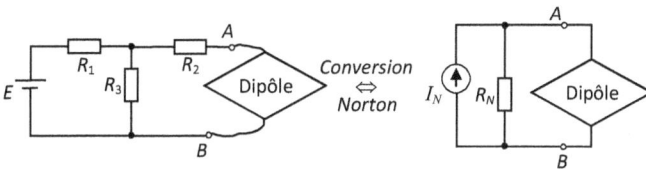

Figure II.15 – Conversion en circuit de Norton (Exemple)

$$R_N = R_2 + \frac{R_1 \times R_3}{R_1 + R_3} \tag{II.22}$$

$$I_N = \frac{V_{AB}}{R_N} \tag{II.23}$$

où :

$$V_{AB} = E \times \frac{R_3}{R_1 + R_3} \tag{II.24}$$

II.7 Conversion entre Thévenin et Norton

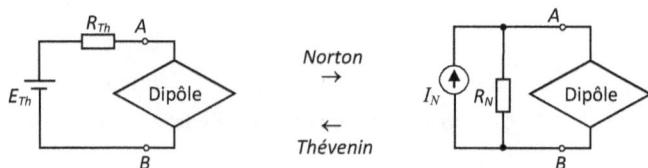

Figure II.16 – Conversion en entre Thévenin et Norton

Le passage se fait à l'aide des formules suivantes :

- Thévenin $\longrightarrow$ Norton.

$$R_N = R_{Th} \tag{II.25}$$

$$I_N = \frac{E_{Th}}{R_{Th}} \tag{II.26}$$

- Norton $\longrightarrow$ Thévenin.

$$R_{Th} = R_N \tag{II.27}$$

$$E_{Th} = I_N \times R_N \tag{II.28}$$

II.8 Principe de superposition

II.8.1 But

Le principe de superposition permet de simplifier un problème complexe comprenant plusieurs sources en le réduisant par plusieurs problèmes plus faciles, où chacun contient une seule source indépendante.

II.8.2 Ennoncé

Dans un circuit linéaire comprenant plusieurs sources indépendantes, l'intensité du courant dans une branche est égale à la somme algébrique des courants produits dans cette branche par chacune des sources considérées isolément[5], les autres sources de tension étant court-circuitées et celles du courant sont en circuit ouvert.Il est à noter que le principe de superposition est valable pour le calcul de la tension.

Exemple 1 :

Soit un circuit comprenant deux générateurs de tensions et trois résistances (voir figure II.17). L'objectif est de déterminer les courants dans chaque branche (I_1, I_2 et I_3) en appliquant le principe de superposition.

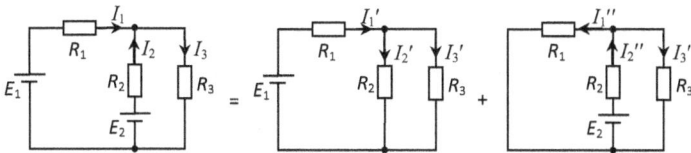

Figure II.17 – Principe de superposition (Exemple 1)

En prenant le sens des courants du circuit avec les deux générateurs comme référence, l'application du principe de superposition donne :

$$I_1 = I_1' - I_1'' \tag{II.29}$$

où :

- $I_1' = \dfrac{E_1}{R_1 + \frac{R_2 \times R_3}{R_2 + R_3}}$
- $I_1'' = I_2'' \times \dfrac{R_3}{R_3 + R_1}$

$$I_2 = I_2'' - I_2' \tag{II.30}$$

où :

- $I_2' = I_1' \times \dfrac{R_3}{R_3 + R_2}$
- $I_2'' = \dfrac{E_2}{R_2 + \frac{R_1 \times R_3}{R_1 + R_3}}$

---

5. On désactive les sources par alternance.

$$I_3 = I_3{}' + I_3{}'' \tag{II.31}$$

où :

- $I_3{}' = I_1{}' \times \frac{R_2}{R_2 + R_3}$
- $I_3{}'' = I_2{}'' \times \frac{R_1}{R_1 + R_3}$

Le signe $(-)$ dans les équations II.29 et II.30 signifie que le courant est en sens opposé du courant de référence.

Exemple 2 :

Soit un circuit comprenant une source de tension, une source de courant et deux résistances (voir figure II.18). L'objectif est de déterminer le courant I_x traversant la résistance R_2 en appliquant le principe de superposition. Données : $E = 6$V ; $R_1 = 3\Omega$; $R_2 = 6\Omega$ et $I = 2$A.

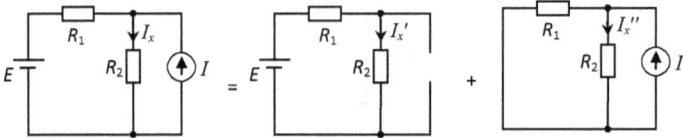

Figure II.18 – Principe de superposition (Exemple 2)

En mettant la source de courant en circuit ouvert, on obtient :

$$I_x{}' = \frac{E}{R_1 + R_2} = \frac{6}{3 + 6} = 0,6666\text{A} \tag{II.32}$$

En court-circuitant la source de tension, on obtient :

$$I_x{}'' = I \times \frac{R_1}{R_1 + R_2} = 2 \times \frac{3}{3 + 6} = 0,6666\text{A} \tag{II.33}$$

Le courant I (total) est la somme de $I_x{}'$ et $I_x{}''$:

$$I = I_x{}' + I_x{}'' = \frac{12}{9} = 1,3333\text{A} \tag{II.34}$$

II.8.3 Limite du principe de superposition

Ce principe n'est pas applicable au calcul de la puissance, car elle est issue d'un produit $(U \times I) \longrightarrow$ fonction non linéaire.

II.9   Exercices corrigés

Exo 1 :

Soit le circuit représenté sur la figure II.19.

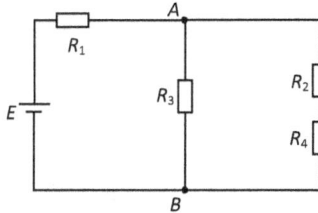

Figure II.19 – Circuit de l'exercice 1

1. Déterminer V_{R_2} et V_{R_4} (en utilisant deux méthodes).

2. Appliquer le théorème de Norton au niveau de R_4 uniquement.

Données : $E = 20$V ; $R_1 = R_4 = 10\Omega$; $R_2 = 5\Omega$; $R_3 = 30\Omega$.

Solution :

Il est à noter que la loi de division de tension ne peut pas être appliquer directement au niveau R_3 : $V_{R_3} \neq E\frac{R_3}{R_1+R_3}$ (car les résistances sont en parallèle).

1.

$\Longrightarrow$ Méthode 1

On cherche à appliquer la loi de division de tension (résistances en série).

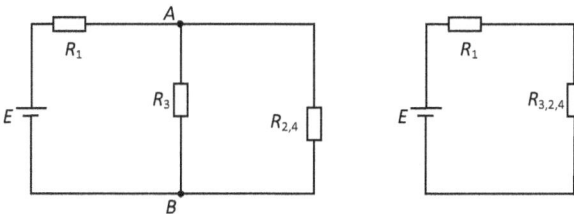

Figure II.20 – Résistances équivalentes

$R_{2,4} = R_2 + R_4 = 15\Omega.$

$R_{3,2,4} = R_3 \parallel R_{2,4} = \frac{R_3 \times R_{2,4}}{R_3 + R_{2,4}} = \frac{30 \times 15}{30 + 15} = 10\Omega.$

$V_{R_{3,2,4}} = E\frac{R_{3,2,4}}{R_1 + R_{3,2,4}} = 20 \times \frac{10}{10+10} = 10V.$

$V_{R_{3,2,4}}$ est la tension de R_3 et celle de la combinaison de R_2 et R_4 en série (voir figure II.21).

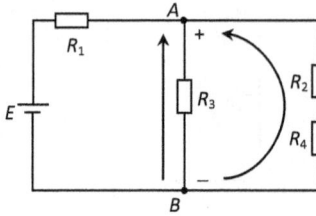

Figure II.21 – Tension commune $V_{R_{3,2,4}}$

$V_{R_2} = V_{R_{3,2,4}} \times \frac{R_2}{R_2 + R_4} = 10 \times \frac{5}{5+10} = 3,3333V$

$\boxed{V_{R_2} = 3,3333V}$

$V_{R_4} = V_{R_{3,2,4}} \times \frac{R_4}{R_4 + R_2} = 10 \times \frac{10}{10+5} = 6,6666V$

$\boxed{V_{R_4} = 6,6666V}$

$\Longrightarrow$ Méthode 2

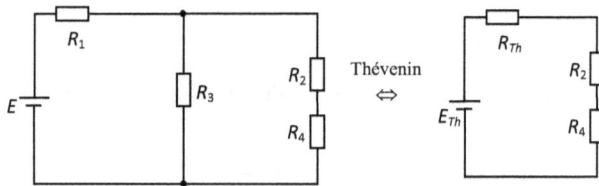

Figure II.22 – Circuit équivalent de Thévenin au niveau de R_2 et R_4

En appliquant le théorème de Thévenin (voir figure II.22), on a :

$R_{Th} = \frac{R_3 \times R_1}{R_3 + R_1} = \frac{30 \times 10}{30 + 10} = 7,5\Omega$

$E_{Th} = V_{R_3} = E\frac{R_3}{R_3 + R_1} = 20 \times \frac{30}{30 + 10} = 15V$

$V_{R_2} = E_{Th}\frac{R_2}{R_2 + R_4 + R_{Th}} = 15 \times \frac{5}{5 + 10 + 7,5} = 3,3333V$

$\boxed{V_{R_2} = 3,3333V}$

$V_{R_4} = E_{Th}\frac{R_4}{R_4+R_2+R_{Th}} = 15 \times \frac{10}{10+5+7,5} = 6,6666\text{V}$

$\boxed{V_{R_4} = 6,6666\text{V}}$

2.

Le circuit de Norton équivalent au niveau de R_4 est représenté sur la figure II.23.

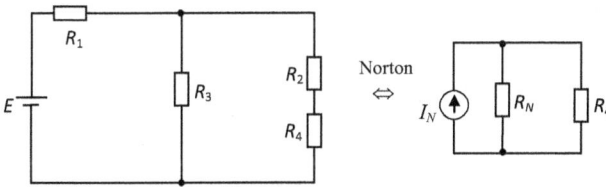

Figure II.23 – Circuit équivalent de Norton au niveau de R_4

$R_{Th} = R_N$

$R_N = R_2 + (R_1 \parallel R_3)$

$R_N = 5 + \frac{10 \times 30}{10+30} = 12,5\Omega$

$\boxed{R_N = 12,5\Omega}$

$I_N = \frac{E_{Th}}{R_{Th}} = \frac{7,5}{12,5} = 0,6\text{A}$

$\boxed{I_N = 0,6\text{A}}$

Exo 2 :

Soit le circuit représenté sur la figure II.24.

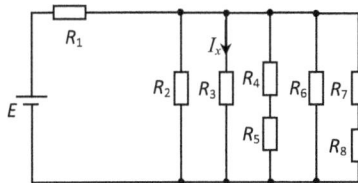

Figure II.24 – Circuit de l'exercice 2

1. Déterminer I_x en utilisant la loi de division du courant.

2. Déterminer I_x en utilisant le théorème de Thévenin (calcul et circuit de Thévenin équivalent).

3. Convertir le circuit de Thévenin obtenu en circuit de Norton (calcul et circuit de Norton équivalent).

Données : $E = 8\text{V}$; $R_1 = 35\Omega$; $R_2 = R_4 = 15\Omega$; $R_3 = 7\Omega$; $R_5 = R_7 = 5\Omega$; $R_6 = 18\Omega$; $R_8 = 12\Omega$.

Solution :

1.

$$R\,(circuit) = R_1 + [R_2 \parallel R_3 \parallel (R_4 + R_5) \parallel R_6 \parallel (R_7 + R_8)] = 37,6759\Omega$$

$$I_{total} = \frac{E}{R\,(circuit)} = 0,2123\text{A}$$

$$I_x = I_{total} \cdot \frac{R_{2,4,5,6,7,8}}{R_3 + R_{2,4,5,6,7,8}} = 0,0811\text{A}$$

$$\boxed{I_x = 0,0811\text{A}}$$

2.

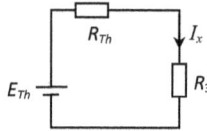

Figure II.25 – Circuit de Thévenin équivalent (Exo 2)

$$E_{Th} = V_{R_{2,4,5,6,7,8}} = E \cdot \frac{R_{2,4,5,6,7,8}}{R_1 + R_{2,4,5,6,7,8}} = 0,8808\text{V}$$

$$R_{Th} = R_1 \parallel R_2 \parallel (R_4 + R_5) \parallel R_6 \parallel (R_7 + R_8) = 3,8550\Omega$$

$$I_x = \frac{E_{Th}}{R_{Th} + R_3} = 0,0811\text{A}$$

$$\boxed{I_x = 0,0811\text{A}}$$

3.

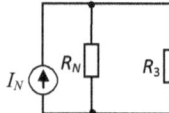

Figure II.26 – Circuit de Norton équivalent (Exo 2)

$R_N = R_{Th} = 3,8550\Omega$

$\boxed{R_N = 3,8550\Omega}$

$I_N = \frac{E_{Th}}{R_{Th}} = 0,2284\text{A}$

$\boxed{I_N = 0,2284\text{A}}$

Exo 3 :

Soit le circuit représenté sur la figure II.27.

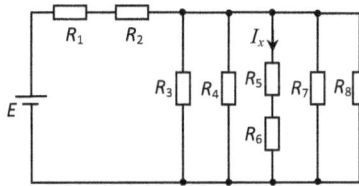

Figure II.27 – Circuit de l'exercice 3

1. Déterminer I_x en utilisant la loi de division du courant.

2. Déterminer I_x en utilisant le théorème de Thévenin (calcul et circuit de Thévenin équivalent).

3. Convertir le circuit de Thévenin obtenu en circuit de Norton (calcul et circuit de Norton équivalent).

Données : $E = 10\text{V}$; $R_1 = R_3 = 10\Omega$; $R_2 = 25\Omega$; $R_4 = 15\Omega$; $R_5 = R_8 = 20\Omega$; $R_6 = 5\Omega$; $R_7 = 30\Omega$.

Solution :

1.

$R\,(circuit) = (R_1 + R_2) + [R_3 \parallel R_4 \parallel (R_5 + R_6) \parallel R_7 \parallel R_8] = 38,4494\Omega$

$I_{total} = \frac{E}{R\,(circuit)} = 0,2600\text{A}$

$I_x = I_{total} \cdot \frac{R_{3,4,7,8}}{R_{5,6} + R_{3,4,7,8}} = 0,0359\text{A}$

$\boxed{I_x = 0,0359\text{A}}$

2.

Le circuit de Thévenin équivalent est représenté sur la figure II.28.

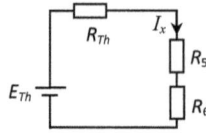

Figure II.28 – Circuit de Thévenin équivalent (Exo 3)

$E_{Th} = V_{R_{3,4,7,8}} = E \cdot \frac{R_{3,4,7,8}}{R_1 + R_2 + R_{3,4,7,8}} = 1,027\text{V}$

$R_{Th} = (R_1 + R_2) \parallel R_3 \parallel R_4 \parallel R_7 \parallel R_8 = 3,5919\Omega$

$I_x = \frac{E_{Th}}{R_{Th} + R_5 + R_6} = 0,0359\text{A}$

$\boxed{I_x = 0,0359\text{A}}$

3.

Le circuit de Thévenin équivalent est représenté sur la figure II.29.

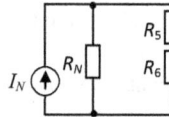

Figure II.29 – Circuit de Norton équivalent (Exo 3)

$R_N = R_{Th} = 3,5919\Omega$

$\boxed{R_N = 3,5919\Omega}$

$I_N = \frac{E_{Th}}{R_{Th}} = 0,2859\text{A}$

$\boxed{I_N = 0,2859\text{A}}$

Exo 4 :

Soit le circuit représenté sur la figure II.30.

Déterminer les valeurs de R_1, R_2 et R_3 sachant que :

- Tension entre A et B : $U = 4\text{V}$;
- $I = 5,6\text{mA}$;
- $I_1 = 2I_2$;
- $I_2 = 9I_3$.

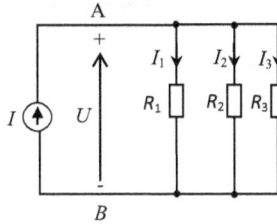

Figure II.30 – Circuit de l'exercice 4

Solution :

On a : $I_1 = 2I_2$, $I_2 = 9I_3$ et $I = 5,6$mA.

Loi des nœuds : $I = I_1 + I_2 + I_3 \ ...(*)$

$(*) \Leftrightarrow I = 2I_2+9I_3+I_3 \Leftrightarrow I = 18I_3+9I_3+I_3 \Leftrightarrow I = 28I_3 \Rightarrow I_3 = \frac{I}{28} = 0,2mA$

$R_3 = \frac{U}{I_3} = 20$kΩ

$\boxed{R_3 = 20\text{k}\Omega}$

$I_2 = 9I_3 = 1,8mA\,;\,R_2 = \frac{U}{I_2} = 2222,2222\Omega$

$\boxed{R_2 = 2222,2222\Omega}$

$I_1 = 2I_2 = 3,6mA\,;\,R_1 = \frac{U}{I_1} = 1111,1111\Omega$

$\boxed{R_1 = 1111,1111\Omega}$

Exo 5 :

Soit les circuits représentés sur la figure II.31.

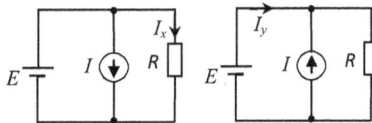

Figure II.31 – Circuits de l'exercice 5

1. Déterminer I_x.

2. Déterminer I_y.

Données : $E = 16$V ; $I = 3$A ; $R = 20\Omega$.

25

N.B : Sens de I_x et I_y du circuit est considéré comme référence.

Solution :

1.

Avec E uniquement : $I'_x = \frac{E}{R} = 0,8\text{A}$

Avec I uniquement : $I''_x = 0\text{A}$

$I_x = I'_x + I''_x = 0,8\text{A}$

$\boxed{I_x = 0,8\text{A}}$

2.

Avec E uniquement : $I'_y = \frac{E}{R} = 0,8\text{A}$

Avec I uniquement : $I''_y = -I = -3\text{A}$

$I_y = I'_y + I''_y = -2,2\text{A}$

$\boxed{I_y = -2,2\text{A}}$

Exo 6 :

Soit les circuits représentés sur la figure II.32.

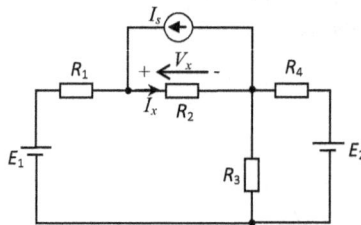

Figure II.32 – Circuits de l'exercice 6

1. Déterminer I_x en utilisant le théorème de Thévenin (calcul et circuit équivalent).

2. Déterminer V_x.

Données : $R_1 = R_4 = 4\Omega$; $R_2 = 5\Omega$; $R_3 = 12\Omega$; $I_s = 12\text{A}$; $E_1 = 12\text{V}$; $E_2 = 192\text{V}$.

N.B : Sens de I_x et V_x du circuit est considéré comme référence.

Solution :

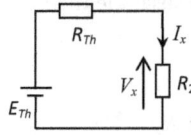

Figure II.33 – Circuit de Thévenin équivalent (Exo 6)

1.

$E_{Th} = E_{Th\,1}(I_s\ uniquement) + E_{Th\,2}(E_1\ uniquement) + E_{Th\,3}(E_2\ uniquement)$

$E_{Th\,1}(I_s\ uniquement) = I_s \cdot [R_1 + (R_3 \parallel R_4)] = 84\text{V}$

$E_{Th\,2}(E_1\ uniquement) = E_1 = 12\text{V}$

$E_{Th\,3}(E_2\ uniquement) = -V_{R_3} = -E_2 \cdot \frac{R_3}{R_3+R_4} = -144\text{V}$

$E_{Th} = -48\text{V}$

$R_{Th} = R_1 + (R_3 \parallel R_4) = 7\Omega$

$R_{Th} = 7\Omega$

$I_x = \frac{E_{Th}}{R_{Th}+R_2} = -4\text{A}$

$\boxed{I_x = -4\text{A}}$

2.

$V_x = I_x \cdot R_2 = -20\text{V}$

$\boxed{V_x = -20\text{V}}$

Exo 7 :

Soit les circuits représentés sur la figure II.34.

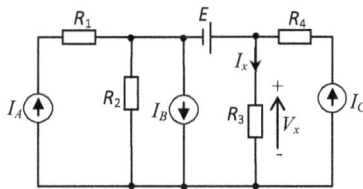

Figure II.34 – Circuits de l'exercice 7

1. Déterminer I_x en utilisant le théorème de Thévenin (calcul et circuit de Thévenin équivalent).

2. Déterminer V_x.

Données : $R_1 = 10\Omega$; $R_2 = 6\Omega$; $R_3 = 2\Omega$; $R_4 = 3\Omega$; $I_A = 2A$; $I_B = 1A$; $I_C = 7A$; $E = 48V$.

N.B : Sens de I_x et V_x du circuit est considéré comme référence.

Solution :

1.

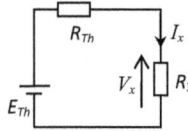

Figure II.35 – Circuit de Thévenin équivalent (Exo 7)

$E_{Th} = E_{Th_1}(E\ uniquement) + E_{Th_2}(I_A\ uniquement) + E_{Th_3}(I_B\ uniquement) + E_{Th_4}(I_C\ uniquement)$

$E_{Th_1}(E\ uniquement) = E = 48V$

$E_{Th_2}(I_A\ uniquement) = V_{R_2} = R_2 \cdot I_A = 12V$

$E_{Th_3}(I_B\ uniquement) = -V_{R_2} = -R_2 \cdot I_B = -6V$

$E_{Th_4}(I_C\ uniquement) = V_{R_2} = R_2 \cdot I_C = 42V$

$E_{Th} = 96V$

$R_{Th} = R_2 = 6\Omega$

$R_{Th} = 6\Omega$

$I_x = \frac{E_{Th}}{R_{Th}+R_3} = 12A$

$\boxed{I_x = 12A}$

2.

$V_x = I_x \cdot R_3 = 24V$

$\boxed{V_x = 24V}$

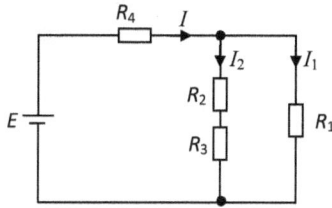

Figure II.36 – Circuits de l'exercice 8

Exo 8 :

Soit les circuits représentés sur la figure II.36.

1. Déterminer : I, I_1 et I_2.

2. En appliquant le théorème de Thévenin, déterminer I_1.

3. Convertir le circuit de Thévenin obtenu en circuit de Norton.

Données : $E = 14$V ; $R_1 = 2$kΩ ; $R_2 = 1$kΩ ; $R_3 = 3$kΩ ; $R_4 = 1$kΩ.

Solution :

1.

$R_{2,3,1} = (R_2 + R_3) \parallel R_1 = \frac{(R_2+R_3) \cdot R_1}{(R_2+R_3)+R_1} = 1,3333$kΩ

$I = \frac{E}{R_4+R_{2,3,1}} = 6$mA

$\boxed{I = 6\text{mA}}$

$I_1 = I \frac{(R_2+R_3)}{R_1+(R_2+R_3)} = 4$mA

$\boxed{I_1 = 4\text{mA}}$

$I_2 = I - I_1 = 2$mA

$\boxed{I_2 = 2\text{mA}}$

2.

$E_{Th} = V_{R_{2,3}} = E \cdot \frac{(R_2+R_3)}{(R_2+R_3)+R_4} = 11,2$V

$\boxed{E_{Th} = 11,2\text{V}}$

$R_{Th} = (R_2 + R_3) \parallel R_4 = 0,8$kΩ

$\boxed{R_{Th} = 0,8\text{kΩ}}$

$I_1 = \frac{E_{Th}}{R_{Th}+R_1} = 4$mA

29

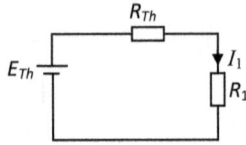

Figure II.37 – Circuit de Thévenin équivalent (Exo 8)

$\boxed{I_1 = 4\text{mA}}$

3.

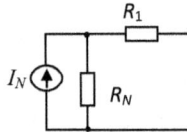

Figure II.38 – Circuit de Norton équivalent (Exo 8)

$R_N = R_{Th} = 0,8\text{k}\Omega$

$\boxed{R_N = 0,8\text{k}\Omega}$

$I_N = \frac{E_{Th}}{R_{Th}} = 14\text{mA}$

$\boxed{I_N = 14\text{mA}}$

Chapitre III

Diodes

III.1 Introduction aux semi-conducteurs

III.1.1 Définition

Un semi-conducteur est un matériau qui a les caractéristiques électriques d'un isolant, <u>mais</u> pour lequel la probabilité qu'un électron puisse contribuer à un courant électrique est possible $\longrightarrow$ La conduction se fait sous des conditions données.

$\Downarrow$

La conductivité électrique d'un semi-conducteur est intermédiaire entre celle des métaux et celle des isolants.

La conductivité électrique des semi-conducteurs peut être contrôlée par **dopage** en introduisant une petite quantité d'impurtés dans le matériau afin de produire un exès d'électrons ou un déficit.

Ces différentes zones peuvent être mises en contact afin de créer des jonctions qui permettent de contrôler la direction et la quantité de courant qui traverse l'ensemble.

Il existe des dizaines de matériaux semi-conducteurs, tels que :

- Silicium (Si).
- Germanium (Ge).
- Arséniure de gallium $(GaAs)$.
- Carbure de silicium (SiC).

- Diamant (forme cristalline constituée de C).
- Nitrure de bore (BN).

N.B : Le silicium est le matériau semi-conducteur le plus utilisé commercialement, car :

- Il possède de bonnes propriétés.
- Il existe en abondance sous sa forme naturelle.

III.1.2 Types de dopage

Il existe deux types de dopage :

- Dopage de **type N** : Consiste à produire un exès d'électrons, qui sont négativement chargés.
- Dopage de **type P** : Consiste à produire un déficit d'électrons, donc un exès de « trous », considérés comme positivement chargés.

III.1.3 Exemples de composants semi-conducteurs

En électronique, il existe plusieurs composants semi-conducteurs, tels que :

- Diodes.
- Transistors.
- Microprocesseurs.
- Microcontrôleurs.
- Thermistances « capteurs de température ».
- Cellules photovoltaïques.

III.2 Diode « Simple »

La diode est un dipôle semi-conducteur non linéaire de type $(P - N)$, appelée « conventionnelles »(voir figure III.1). La frontière entre P et N est appelée « jonction ». La figure III.2 représente le symbôle électronique de la diode simple dans les circuits.

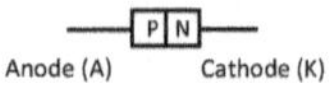

Anode (A)   Cathode (K)

Figure III.1 – Diode simple $(P - N)$

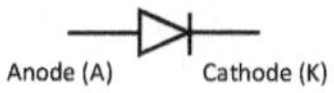

Figure III.2 – Symbôle électronique de la diode simple

III.2.1 Idéale

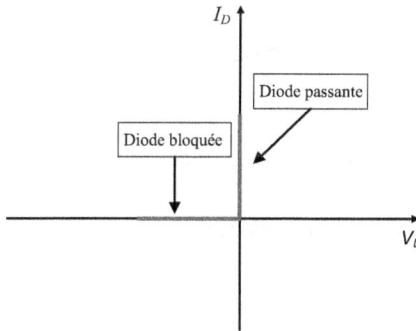

Figure III.3 – Caractéristiques de fonctionnement de la diode idéale

- En polarisation directe $(U_A > U_K)$: la résistance de la diode est nulle $\longrightarrow$ Elle se comporte comme un interrupteur fermé.

- En polarisation inverse $(U_A < U_K)$: On a $R = \infty$ $\longrightarrow$ La diode est équivalente à un interrupteur ouvert.

N.B : Une diode idéale ne dissipe aucune puissance.

III.2.2 Réelle

La diode réelle possède une tension de seuil $(V_{Seuil}$ ou $V_s)$: Valeur minimale pour laquelle la diode soit conductrice (voir figure III.4).

Chaque matériau semi-conducteur est caractérisé par sa valeur V_s, tels que :

- $Si : V_s \approx 0,6\text{V}$ à $0,8\text{V}$.
- $Ge : V_s \approx 0,2\text{V}$ à $0,4\text{V}$.

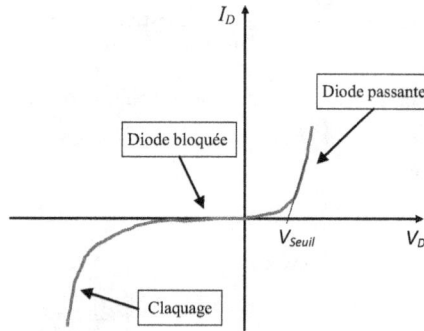

Figure III.4 – Caractéristiques de fonctionnement de la diode réelle

La caractéristique de la diode est décrite par :

$$I = I_s \left(e^{\frac{V_D}{\eta V_T}} - 1 \right) \tag{III.1}$$

où :

- I est le courant direct traversant la diode.
- I_s est le courant de saturation (appelé aussi facteur d'échelle) dépandant de la température et des caractéristiques physiques de la jonction.
- V_D est la tension aux bornes de la diode.
- V_T est la tension thermique qui dépend de la température $T(°K)$, la constante de Boltzmann ($k = 1,38 \times 10^{-23} J/°K$) et la charge ($q = 1,6 \times 10^{-19}C$) : $V_T = (^{k \cdot T}/q)$. A température ambiante ($\sim 23°C$), on prend $V_T = 25mV$.
- η est le coefficient d'émission et est compris entre 1 et 2. Pour les diodes en circuits intégrés ($\eta = 1$) et pour les diodes en tant que composants discrets ($\eta = 2$).

III.3   Diode Zener

La diode Zener présente une tension inverse (tension Zener), appelée aussi tension d'avalanche. La figure III.6 représente ses caractéristiques de fonctionnement.

Figure III.5 – Symbôle électronique de la diode Zener

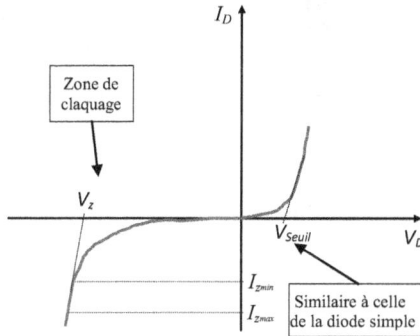

Figure III.6 – Caractéristiques de fonctionnement de la diode Zener

La puisssance au niveau de la diode Zener est donnée par la formule suivante :

$$P_D = V_Z \cdot I_Z \tag{III.2}$$

Pour que la diode Zener travaille dans la zone de claquage, il faut que les conditions suivantes se réunissent :

- $E > V_z$.
- Polarisation négative.
- $I_{Z_{\min}} < I_z < I_{Z_{\max}}$.

En général, la diode zener est utilisée pour assurer la stabilité de la tension.

III.4   Diode électroluminescente (ou LED)

La diode LED est l'abréviation du mot en anglais « Light-Emitting-Diode ». C'est un composant capable d'émettre de la lumière lorsqu'il est parcouru par un courant électrique.

Figure III.7 – Symbôle de la diode LED

C'est une excitation életronique dans un matériau par injection des électrons à travers une jonction $P - N$ (principalement à base de gallium Ga).

La tension de seuil d'une LED est **supérieure** à celle de la diode classique (1, 6V pour celle en gallium) $\Rightarrow$ faible consommation d'énergie et forte résistance mécanique.

On trouve principalement : , verte ou rouge.

Selon la longueur d'onde, on aura des lumières : infrarouge (IR), ultraviolette (UV), etc.

III.5 Autres types de diodes

Diode Schottky

Figure III.8 – Symbôle électronique de la diode Schottky

La diode Schottky est caractérisée par une jonction métal-semiconducteur au lieu d'une jonction $P - N$ comme les diodes conventionnelles.
Sa tension de seuil directe est très basse [0, 25Và0, 4V] et affiche un temps de commutation très rapide $\longrightarrow$ les plus courantes sont $1N5817$.

Ce type de diode est utilisé pour :

- Redressement puissants.
- Protéger les entrées des composants sensibles aux décharges électrostatiques.

Diode transil

La diode transil (voir figure III.9) est une Zener de puissance utilisée pour la protection contre les surtensions en courant continu, principalement dans

Figure III.9 – Symbôle électronique de la diode transil

les voitures et les camions.

Photodiode

Figure III.10 – Symbôle électronique de la photodiode

C'est un semi-conducteur ayant la capacité de détecter un rayonnement du domaine optique et de le transformer en signal électrique.

Diode varicap (ou varactor)

Figure III.11 – Symbôle électronique de la diode varicap

La diode à capacité variable « en anglais Variable Diode » se comporte comme un condensateur et est utilisée principalement pour les hautes fréquences.

Diode Diac (DIode for Alternance Current)

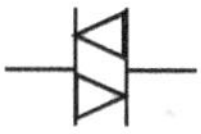

Figure III.12 – Symbôle électronique de la diode diac

Cette diode a la particularité de laisser passer le courant dans un sens ou dans un autre, en fonction de la tension à ses bornes.

Diode Gunn

Figure III.13 – Symbôle électronique de la diode Gunn

Ce type de diode est utilisé en électronique <u>supra</u> haute fréquence et <u>extrêment</u> haute fréquence.

Diode à effet tunnel (Diode Esaki)

Figure III.14 – Symbôle électronique de la diode à effet tunnel (Diode Esaki)

C'est une diode qui conduit en inverse (tension de claquage égale à zéro), mais lors de son utilisation en polarisation directe, l'effet tunnel entraîne une diminution du courant la traversant. Cette dernière est dûe à une résistance dynamique négative.

Ce type de diode est largement utilisé pour les hautes fréquences, tels que les fours à micro-ondes.

Diode laser

Figure III.15 – Symbôle électronique de la diode laser

Cette diode est opto-électronique. Elle émet de la lumière monochromatique (une puissance optique). Ses caractéristiques sont proches de celles des lasers conventionnels.

Figure III.16 – Symbôle électronique de la diode PIN

Diode PIN

Le diode PIN est l'abréviation du mot en anglais « Positive Intrinsic Negative diode ». Elle est constituée d'une zone non dopée "i", appelée « inter-insèque »—→ intercalée entre deux zones dopées P et N (voir figure III.17).

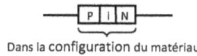

Dans la configuration du matériau

Figure III.17 – Configuration de la diode PIN

Elle est utilisée dans la commutation de hautes fréquences, telle que l'antenne émetteur-récepteur. Dans le sens directe (passante) elle offre une impédance dynamique extrêment faible, et vise-versa. Elle se comporte comme un condensateur de très faible valeur (quelques picofarads).

Diode Peltier (diode thermique)

C'est une diode qui fonctionne avec de la chaleur, appelé "effet Peltier" ou "effet thermique".

Diode Shockley

Figure III.18 – Configuration de la diode Shockley

Cette diode est équivalente à un thyristor [1] avec une porte déconnectée. On l'utilise souvent pour détecter les surtensions.

---

1. Composant électronique dont la conductivité est commandée par une impulsion (gâchette).

III.6 Applications usuelles des diodes

Les diodes sont utilisées pour de nombreux circuits électroniques, tels que :

- Redressement de tension (conversion de courant alternatif vers continu).
- Doubleur, tripleur ou multiplicateur de tension.
- Protection contre les erreurs de branchements.
- Protection contre les surtensions.
- Détection des signaux radios.
- Photovoltaïque.
- Régulation de tensions simples.

III.6.1 Redressement

Le redressement consiste à transformer un signal alternatif en un courant unidirectionnel. Le composant clef dans ce type de circuit est la *diode*.

Par définition, une tension alternative sinusoïdale est définie par l'équation suivante :

$$U(t) = U_0 \sin(\omega \cdot t) \tag{III.3}$$

où :

U_0 [V] est l'amplitude du signal, appelée aussi la tension de crête ($U = \frac{U_0}{\sqrt{2}}$, U est la tension efficace).

ω [rad/s] est la pulsation ($\omega = 2 \cdot \Pi \cdot f$), avec :

La fréquence : f [Hz] $= \frac{1}{T}$, où : T [s] est la période.

III.6.1.1 Mono-alternance

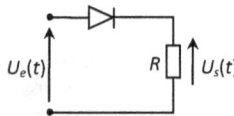

Figure III.19 – Redressement mono-alternance

40

La figure III.19 représente un montage simple alternance en utilisant une diode. Le signal d'entrée est tracé sur la figure III.20. Durant les alternances positives la diode est passante alors que le signal s'annule durant les alternances négatives, soit la diode est bloquée (voir figure III.21).

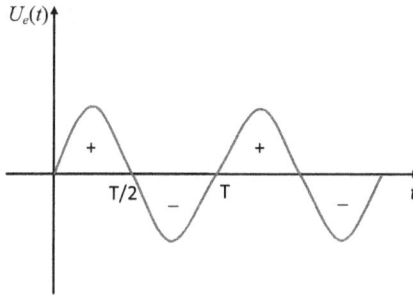

Figure III.20 – Tension alternative sinusoïdale

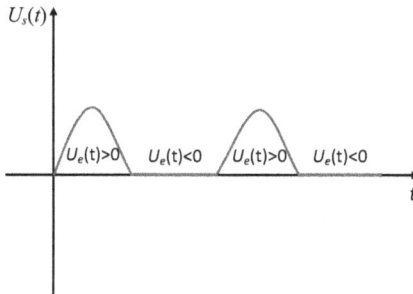

Figure III.21 – Redressement mono-alternance

Calcul de la valeur moyenne de $U_s(t)$

Par définition, la valeur moyenne d'une fonction est définie comme suit :

$$f_{moy} = <f> = \frac{1}{T}\int_0^T f(t)dt \tag{III.4}$$

Donc,

41

$$U_{s_{moy}} = <U_s> = \frac{1}{2\pi} \int_0^{2\pi} U_s(\theta)d\theta = \frac{1}{2\pi}\left[\int_0^{\pi} U_s(\theta)d\theta + \int_{\pi}^{2\pi} U_s(\theta)d\theta\right]$$

$$= \frac{U\sqrt{2}}{2\pi}\left[\int_0^{\pi} \sin(\theta)d\theta\right] = \frac{U\sqrt{2}}{2\pi}\left[-\cos(\theta)\right]_0^{\pi} = \frac{U\sqrt{2}}{2\pi}\left[-(-1-1)\right] = \frac{U\sqrt{2}}{\pi}$$

$$U_{s_{moy}} = <U_s> = \frac{U\sqrt{2}}{\pi} \qquad (III.5)$$

III.6.1.2 Double-alternance (bi-alternance)

a/ Montage à deux diodes

Soit le montage représenté dans figure III.22. On utilise un transformateur à deux enroulements secondaires que l'on branche de telles sortes qu'ils fournissent des tensions en oposition de phase sur les diodes.

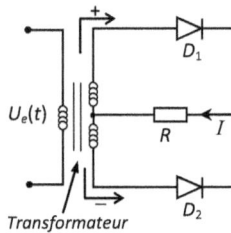

Figure III.22 – Redressement double-alternance (Montage à deux diodes)

N.B : On suppose que les générateurs et les diodes sont idéaux.

$\implies$ Pendant l'alternance positive $(U_e > 0)$: D_1 est passante, tandis que D_2 est bloquée (voir figure III.23).

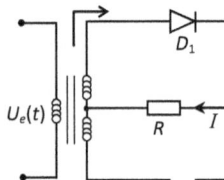

Figure III.23 – Montage à deux diodes (D_1 passante)

$\Longrightarrow$ Pendant l'alternance négative ($U_e < 0$) : D_2 est passante, tandis que D_1 est bloquée (voir figure III.24).

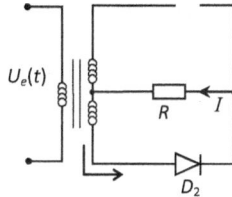

Figure III.24 – Montage à deux diodes (D_2 passante)

b/ Montage à pont de diodes (Pont de Graetz)

Soit les montages à 4 diodes représentés dans les figures III.25 et III.25. L'objectif est d'obtenir uniquement des alternances positives au niveau de la résistance R. Le signal d'entrée est le même que celui de la figure III.20, tandis que le signal de sortie au niveau de la résistance est tracé dans la figure III.27.

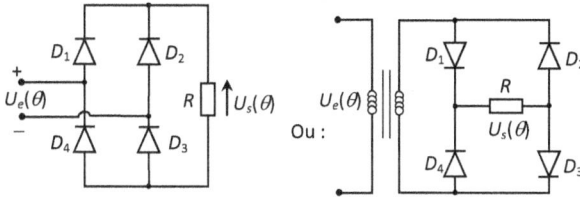

Figure III.25 – Montage à pont de diodes (Circuit 1)

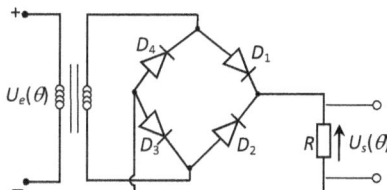

Figure III.26 – Montage à pont de diodes (Circuit 2)

$\Longrightarrow$ Pendant l'alternance positive ($U_e > 0$) : D_1 et D_3 sont passantes, tandis que D_2 et D_4 sont bloquées (voir figure III.28).

43

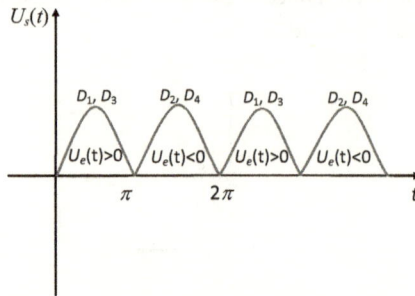

Figure III.27 – Redressement double alternance

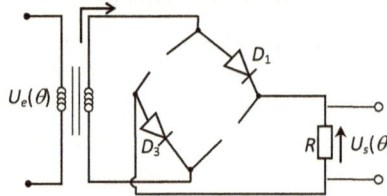

Figure III.28 – Montage à quatre diodes (D_1 et D_3 passantes)

$\Longrightarrow$ Pendant l'alternance négative ($U_e < 0$) : D_2 D_4 sont passantes, tandis que D_1 et D_3 sont bloquées (voir figure III.29).

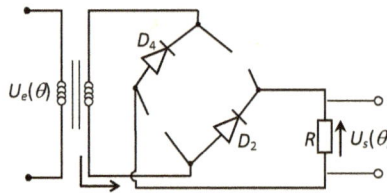

Figure III.29 – Montage à quatre diodes (D_2 et D_4 passantes)

Calcul de la valeur moyenne de $U_s(t)$

$$U_{s_{moy}} = <U_s> = \frac{1}{\pi} \int_0^\pi U_s(\theta)d\theta = \frac{1}{\pi} \int_0^\pi U\sqrt{2}sin(\theta)d\theta = \frac{U\sqrt{2}}{\pi}\left[-\cos(\theta)\right]_0^\pi = \frac{2U\sqrt{2}}{\pi}$$

$$U_{s_{moy}} = <U_s> = \frac{2U\sqrt{2}}{\pi} \tag{III.6}$$

44

Filtrage

$\Longrightarrow$ Problème lié au redressement : La tension $U_s(t)$ passe par 0 (voir figure III.27) [2].

$\hookrightarrow$ Le filtrage va permettre d'obtenir une tension <u>quasi</u> continue. La figure III.30 représente le circuit du filtrage.

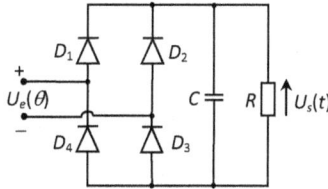

Figure III.30 – Circuit du filtrage

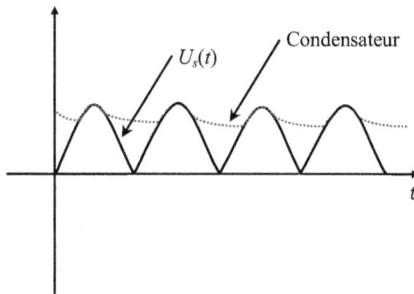

Figure III.31 – Filtrage (Signal)

Détermination du condensateur de filtrage

Dans un condensateur, on a :

$$I = C\frac{dV}{dt} \tag{III.7}$$

La décharge peut être assimilée à une droite (voir figure III.32). Donc,

$$C = I\frac{\Delta t}{\Delta U} \tag{III.8}$$

---

2. La tension s'annule à des instants donnés

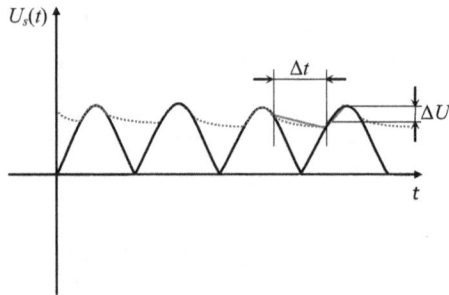

Figure III.32 – Filtrage (Droite de charge)

III.6.2 Ecrêtage

L'écrêtage consiste à supprimer une partie de l'amplitude d'un signal. Plusieurs configurations sont possibles, selon le type d'écrêtage: l'alternance positive, l'alternance négative ou les deux.

Exemple :

Soit le circuit représenté dans la figure III.33, où V_{seuil} de chaque diode est $0,6$V. Le signal de sortie est écrêté à $0,6$V durant les alternances positives et à $-0,6$V durant les alternances négatives (voir figure III.34).

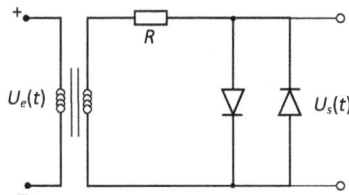

Figure III.33 – Exemple d'écrêtage (Circuit)

III.7 Exercices corrigés

Exo 1 :

Soit le circuit représenté sur la figure III.35.

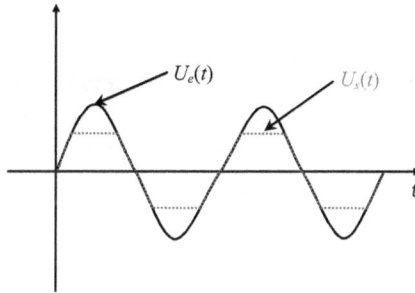

Figure III.34 – Exemple d'écrêtage (Signal de sortie)

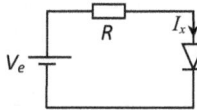

Figure III.35 – Circuits de l'exercice 1

Calculer I_x.

Données : $V_D = 0,6\text{V}$; $R = 1\text{k}\Omega$; $V_e = 3\text{V}$.

Solution :

$V_e - RI_x - V_D = 0 \Leftrightarrow I_x = \frac{V_e - V_D}{R} = \frac{3-0,6}{1k} = 2,4\text{mA}$

$\boxed{I_x = 2,4\text{mA}}$

Exo 2 :

Soit le circuit représenté sur la figure III.36.

Sachant que la diode possède une résistance $R_D = 100\Omega$, déterminer V_{AB} lorsque la diode est en court circuit.

Données : $E = 12\text{V}$; $R_1 = 6\text{k}\Omega$; $R_2 = 3\text{k}\Omega$; $R_3 = 1\text{k}\Omega$.

Solution :

La diode est court-circuitée $\equiv$ le courant passe par le fil (la résistance de la diode sera déviée, voir III.37).

$V_{AB} = V_{R_2} = V_{R_3} = E \cdot \frac{(R_2 \| R_3)}{(R_2 \| R_3) + R_1} = 1,3333\text{V}$

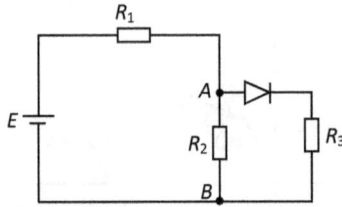

Figure III.36 – Circuits de l'exercice 2

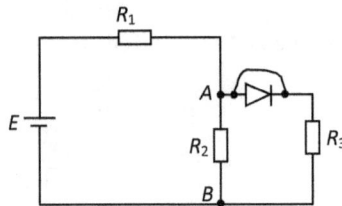

Figure III.37 – Circuits de l'exercice 2 (Diode court-circuitée)

$$\boxed{V_{AB} = 1,3333\text{V}}$$

Exo 3 :

Déterminer U_{R_2} du circuit représenté sur la figure III.38.

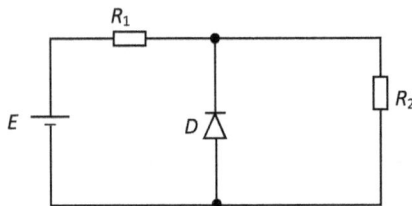

Figure III.38 – Circuits de l'exercice 3

Données : $E = 5\text{V}$; $R_1 = R_2 = 1\text{k}\Omega$; $V_{D_{(seuil)}} = 0,6\text{V}$.

Solution :

La diode est bloquée (montée en polarisation inverse).

48

$U_{R_2} = E \cdot \frac{R_2}{R_1+R_2} = 2,5\text{V}$

$\boxed{U_{R_2} = 2,5\text{V}}$

Exo 4 :

Déterminer V_s (voir figure III.39) dans les cas suivants :

1. Circuit (a).

2. Circuit (b).

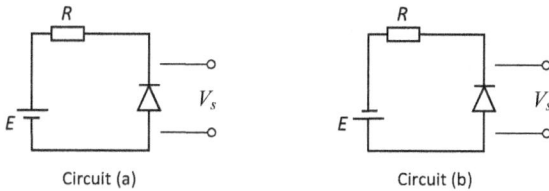

Circuit (a)　　　　Circuit (b)

Figure III.39 – Circuits de l'exercice 4

Données : $E = 20\text{V}$; $R = 1\text{k}\Omega$; La diode est idéale.

Solution :

1. Circuit (a)

La diode est bloquée, la tension mesurée est celle du générateur :
$\boxed{V_s = 20\text{V}}$

2. Circuit (b)

La diode est passante, la tension mesurée est nulle (diode idéale en sens direct $\equiv$ fil) : $\boxed{V_s = 0\text{V}}$

Exo 5 :

Soit le circuit représenté sur la figure III.40. Déterminer I_1 et I_2.

Données : $E = 8\text{V}$; $R1 = 2\text{k}\Omega$; $R2 = 1\text{k}\Omega$; V_{seuil} de chaque diode est $0,65\text{V}$.

Solution :

On a : $V_D = V_{R_2} = 0,65\text{V}$

$E = I_1 \cdot R_1 + 3V_D \Rightarrow I_1 = \frac{E-3V_D}{R_1} = 3,025\text{mA}$

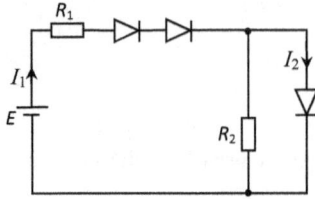

Figure III.40 – Circuit de l'exercice 5

$$\boxed{I_1 = 3,025\text{V}}$$

$$I_2 = I_1 - I_{R_2} = 2,375\text{mA}$$

$$\boxed{I_2 = 2,375\text{mA}}$$

Exo 6 :

Soit le circuit représenté sur la figure III.41.

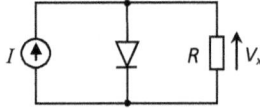

Figure III.41 – Circuit de l'exercice 6

1. En considérant que la diode est idéale :

Déterminer V_x.

2. En considérant que la diode est réelle $(V_{seuil} = 0,7\text{V})$:

- Déterminer V_x.

- Prouver que la diode est passante ou bloquée.

Données : $I = 1\text{mA}$; $R = 100\Omega$.

Solution :

1.

Diode idéale $\equiv V_x = 0\text{V}$ (fil).

$$\boxed{V_x = 0\text{V}}$$

2.

Diode réelle $\equiv V_x = R \times I = 0,1\text{V} \Longrightarrow$ Diode bloquée $(V_x < V_{Seuil})$.

$\boxed{V_x = 0,1\text{V}}$

$\boxed{\text{Diode bloquée}}$

Exo 7 :

Soit le circuit représenté sur la figure III.42.

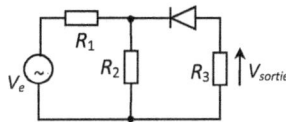

Figure III.42 – Circuit de l'exercice 7

En supposant que la diode est idéale, tracer $V_{sortie}(t)$.

Données : $-20\text{V} \le V_e \le +20\text{V}$; $R_1 = 1\text{k}\Omega$; $R_2 = 0,7\text{k}\Omega$; $R_3 = 0,5\text{k}\Omega$.

Solution :

Durant l'alternance positive la diode est bloquée (voir figure III.43).

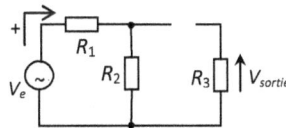

Figure III.43 – Alternance positive(diode bloquée)

Donc :

$0\text{V} \le V_e \le +20\text{V} \Rightarrow V_{Sortie} = V_{R_3} = 0\text{V}.$

Durant l'alternance négative la diode est passante (voir figure III.44).

Donc, la valeur de crête est :

$$V_{Sortie} = V_{R_{2,3}} = E \frac{\frac{R_2 \times R_3}{R_2 + R_3}}{R_1 + \frac{R_2 \times R_3}{R_2 + R_3}} = -4,5153\text{V}$$

La figure III.45 représente $V_{Sortie}(t)$.

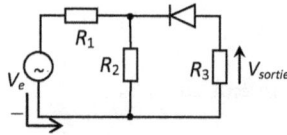

Figure III.44 – Alternance négative (diode passante)

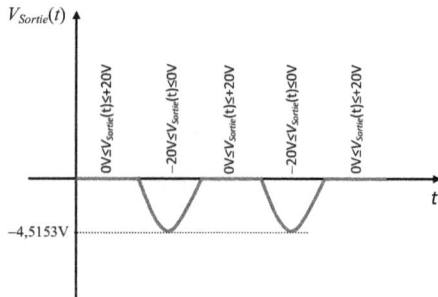

Figure III.45 – Alternance négative (diode passante)

Chapitre IV

Transistors bipolaires

IV.1 Introduction aux transistors

Le transistor (*Transfer Resistor*) est un semi-conducteur, utilisé comme :

- Interrupteur dans les circuits logiques (modifier la valeur binaire).
- Amplificateur de signal.
- Stabilisateur de tension.
- Moduleur d'un signal, etc.

Il existe plusieurs types de transistors :

▷ Bipolaires.

▷ A effet de champ.

▷ A unijonction.

▷ Technologie hybride.

IV.2 Configurations du transistor bipolaire

Le transistor bipolaire est issu de la juxtaposition de trois éléments semi-conducteurs.

$\Longrightarrow$ Deux configurations sont possibles : **NPN** (voir figure IV.1) et **PNP** (voir figure IV.2). Les trois électrodes du transistor bipolaire se nomment : **émetteur**, **base** et **collecteur**.

Pour un NPN, on a :

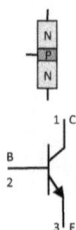

Figure IV.1 – Transistor NPN

Figure IV.2 – Transistor PNP

- Un <u>émetteur</u> (zone N) fortement dopé ;
- Une <u>base</u> (zone P) très mince et faiblement dopée ;
- Un <u>collecteur</u> (zone N) peu dopé.

N.B :

* La structure réelle est très différente du schéma de principe et dépend de la méthode de fabrication du transistor (alliage, etc.).

* La flèche marque la jonction base-émetteur. Cette flèche est orientée dans le sens où la jonction base-émetteur est passante.

IV.3   Courants à travers les jonctions

On mesure les courants entre deux électrodes reliées à un générateur quand à la troisième est déconnectée.

Exemple (voir figure IV.3) : Transistor NPN
La tension et courant de repos sont notés : I_{B_0}, I_{C_0}, V_{CE_0} et V_{BE_0}.

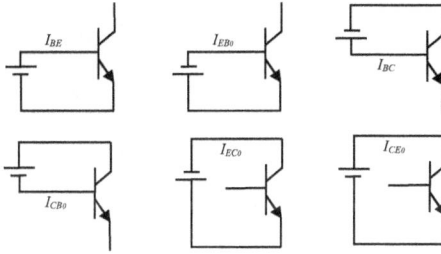

Figure IV.3 – Courants à travers les jonctions (transistor NPN)

Jonction Base-Emetteur : En polarisation directe, I_{BE} est intense. Par contre, en polarisation inverse I_{EB_0} est très faible.

Jonction Base-Collecteur : En polarisation directe, I_{BC} est intense. Par contre, en polarisation inverse I_{CB_0} est très faible.

Espace Emetteur-Collecteur : Si la jonction BE est polarisée en inverse, alors I_{EC0} est très faible, mais on a : $I_{EC0} > I_{EB0}$.

Si la jonction BE est polarisée en directe, alors on mesure un I_{CE0} très faible, avec : $I_{EC0} > I_{EB0} >> I_{CB0}$.

N.B :

Le transistor ne fonctionne donc pas de manière symétrique. Le collecteur et l'émetteur ayant des taux de dopage très différents ne peuvent pas être permutés.

IV.4 Caractéristiques de fonctionnement

Les caractéristiques sont données pour un transistor NPN, mais restent valables pour un transistor PNP en remplaçant V_{CE}, V_{BE} et V_{CB} respectivement par V_{EC}, V_{EB} et V_{BC}.

IV.4.1 Caractéristique d'entrée $I_B(V_{BE})$

La figure IV.4 représente la caractéristique d'entrée $I_B(V_{BE})$ du transistor NPN.

- La caractéristique I_B en fonction de V_{BE} est donnée à V_{CE} constant, hors saturation.

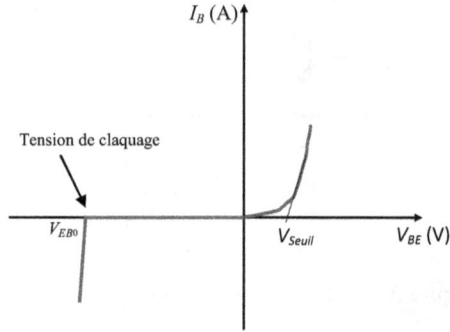

Figure IV.4 – Caractéristique d'entrée $I_B(V_{BE})$ (transistor NPN)

- V_{EB_0} est la tension de claquage émeteur-base pour $I_C = 0$A.
- Lorsque la température auguemente, la tension de seuil diminue de 2mV/°C pour le silicium.

IV.4.2   Caractéristique de sortie $I_C(V_{CE})$

La figure IV.5 représente la caractéristique d'entrée $I_C(V_{CE})$ du transistor NPN.

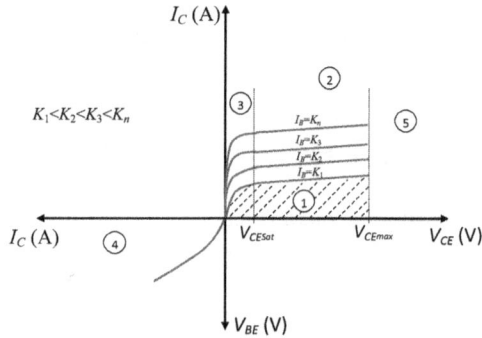

Figure IV.5 – Caractéristique de sortie $I_C(V_{CE})$ (transistor NPN)

(1) : Zone de blocage où le transistor ne fonctionne pas.

(2) : Région de travail (amplification) $\longrightarrow$ Régime linéaire.

(3) : Région de saturation limitée par $V_{CE_{Sat}}$.

(4) : Région d'avalanche similaire à la diode.

(5) : Zone de claquage.

La caractéristique I_C en fonction de V_{CE} est donnée à I_B constant.
- $V_{CE_{Sat}} = 0,1V$ à $0,2V$ (Transistor faible puissance).
- $V_{CE_{Sat}} = 1V$ à $2V$ (Transistor haute puissance).

Caractéristique de transfert $I_C = f(IB)$

La caractéristique de transfert permet de déterminer l'amplification en courant β (gain en courant : $\frac{I_C}{I_B}$).

$$I_C = \beta \cdot I_B \tag{IV.1}$$

La formule IV.1 n'est valable que dans la zone linéaire.

Par convention, on considère les courants qui pénètrent dans le transistor comme étant positifs. La conversation de la charge donne IV.6 :

$$I_E = I_C + I_B \tag{IV.2}$$

Par ailleurs :

$$V_{CE} = V_{CB} + V_{BE} \tag{IV.3}$$

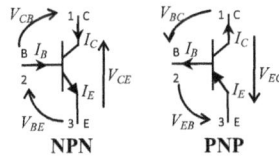

Figure IV.6 – Tensions et courants

En outre :

$$I_C = \alpha \cdot I_E + I_{CB_0} \tag{IV.4}$$

où I_{CB_0} est le courant inverse de saturation collecteur-base généralement très faible, car $I_{CB_0} << I_E$.

Donc,

$$I_C \approx \alpha \cdot I_E \tag{IV.5}$$

L'équation (IV.5) $\Rightarrow \frac{I_C}{\alpha} = I_C + I_B \Rightarrow \frac{\beta \cdot I_B}{\alpha} = \beta \cdot I_B + I_B \Rightarrow \frac{\beta}{\alpha} = \beta + 1$.

Donc,

$$\beta = \frac{\alpha}{1 - \alpha} \qquad \text{(IV.6)}$$

N.B :

$\beta \wedge \alpha$ sont les <u>gains en courant</u>.

IV.4.3 Résumé

Les modes de fonctionnement du transitor bipolaire :

a/ Transistor en régime de commutation

Le transistor peut-être dans deux états différents :

<u>Etat bloqué</u>

- Le transistor bipolaire est bloqué lorsque le courant de base I_B est nul.
- Le courant collecteur est alors généralement nul. De plus, la tension base-émetteur B_{BE} est inférieure à la tension de seuil.
- Le transistor est considéré comme un *interrupteur ouvert*.

  * $I_B = 0A \Rightarrow I_C = I_E = 0A$.

  * $V_{BE} < 0,6V$ ou $0,6V$ (Tension de seuil).

<u>Etat saturé</u> (Etat fermé)

Le transistor est équivalent à un interrupteur fermé entre C et E.
- Le transistor bipolaire est saturé lorsque I_B est supérieur à $I_{B_{Sat}}$.
- La tension V_{CE} est alors égale à $V_{CE_{Sat}}$. Le courant I_C est différent de 0A et ne dépend pas de I_B.
- Le courant de saturation $I_{B_{Sat}} > \frac{I_{C_{\text{Réel (Sat)}}}}{\beta_{\min}}$.
- Le transistor est considéré comme un *interrupteur fermé*.

  * $I_{B_{\text{Réel}}} > I_{B_{Sat}}$.

  * $V_{BE} = V_{BE_{Sat}}$.

  * $I_C > 0A$ et est indépendant de I_B.

N.B :

Si on veut un état saturé, il faut assurer un courant de base suffisant à la valeur de la résistance (ou des résistances) de "base" (qui se trouvent à la base) qui permettent de fixer le courant.

b/ Transistor en régime linéaire

- En régime linéaire, le courant collecteur est proportionnel au courant base : $I_C = \beta \cdot I_B$.
- La tension base-émetteur est supérieure ou égale à la tension de seuil.
- On reste dans le régime linéaire tant que la tension collecteur-émetteur est supérieure à la tension de saturation.
- Le transistor est considéré comme « une source de courant » I_C *com-mandée* par le courant I_B.

  * $I_B > 0\text{A} \Rightarrow I_C = \beta \cdot I_B$.

  * $V_{CE} > V_{CE_{Sat}}$.

  * $V_{BE} \geq$ tension de seuil (en pratique, on prend *généralement* : $V_{BE} =$ *tension de seuil* $= 0,6\text{V}$).

IV.5   Exercices corrigés

Exo 1 :

Soit le circuit représenté sur la figure IV.7.

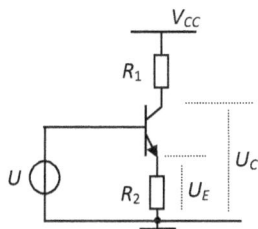

Figure IV.7 – Circuit de l'exercice 1

Le transistor du circuit ci-contre est en mode direct.

1. Quel est le type de ce transistor ?

2. Déterminer I_B, I_C et I_E, ainsi que U_E et U_C.

On donne : $U = 3,4\text{V}$; $V_{BE} = 0,7\text{V}$; $R_1 = 4,7\text{k}\Omega$; $R_2 = 2,7\text{k}\Omega$; $\beta = 200$; $V_{cc} = 10\text{V}$.

Solution :

1. Transistor bipolaire NPN.

2.

$U = U_E + V_{BE} \Rightarrow U_E = U - V_{BE} = 3,4 - 0,7 = 2,7\text{V}.$

$\boxed{U_E = 2,7\text{V}}$

$U_E = R_2 \times I_E \Rightarrow I_E = \frac{U_E}{R_2} = \frac{2,7}{2,7\text{k}} = 1\text{mA}.$

$\boxed{I_E = 1\text{mA}}$

$I_C = \beta I_B \,;\, I_E = I_C + I_B \Rightarrow I_E = \beta I_B + I_B = I_B(\beta + 1) \Rightarrow I_B = \frac{I_E}{(\beta+1)} = \frac{1}{201} \approx 5\mu\text{A}.$

$\boxed{I_B = 5\mu\text{A}}$

D'où :

$\boxed{I_E \approx I_C \approx 1\text{mA}}$

$V_{CC} = U_C + R_1 I_C \Rightarrow U_C = V_{CC} - R_1 I_C = 10 - 4,7 \times 10^3 \times 1 \times 10^{-3} = 5,3\text{V}.$

$\boxed{U_C = 5,3\text{V}}$

Exo 2 :

Soit un transitor NPN (voir figure IV.8). On veut un point de fonctionnement à $I_C = 2\text{mA}$ et $V_{CE} = 5\text{V}$.

Calculer R_1 et R_C.

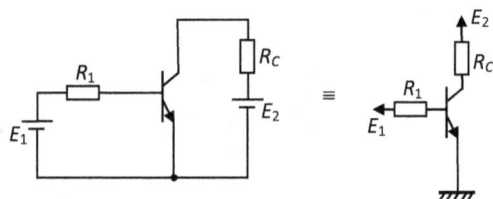

Figure IV.8 – Circuit de l'exercice 2

Donnée : $\beta = 100 \,;\, V_{BE_{Direct}} = 0,6\text{V} \,;\, E_1 = 10\text{V} \,;\, E_2 = 20\text{V}.$

Solution :

En appliquant la loi des mailles (voir figure IV.9), on obtient :

- Maille (I) : $R_1 I_B + V_{BE} - E_1 = 0 \Rightarrow R_1 = \frac{E_1 - V_{BE}}{I_B} = \frac{10 - 0,6}{2 \times 10^{-3}/100} = 47 \times 10^4 \Omega$

60

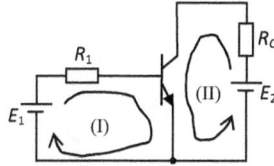

Figure IV.9 – Deux mailles

$$\boxed{R_1 = 47 \times 10^4 \Omega}$$

- Maille (II) : $R_C I_C + V_{CE} - E_2 = 0 \Rightarrow R_C = \frac{E_2 - V_{CE}}{I_C} = \frac{20 - 5}{2 \times 10^{-3}} = 7,5 \text{k}\Omega$

$$\boxed{R_C = 7,5 \text{k}\Omega}$$

Exo 3 :

Soit le montage de la figure IV.10. β_1 et β_2 sont les gains en courant des deux transistors T_1 et T_2 respectivement. R est une grande résistance.

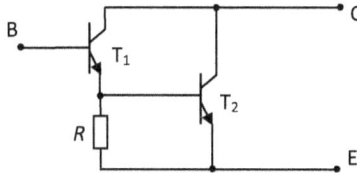

Figure IV.10 – Circuit de l'exercice 3

Déterminer β de l'ensemble du circuit.

Solution :

$I_{C_1} = \beta_1 I_{B_1}$; $I_{E_1} = I_{B_1} + I_{C_1} = I_{B_1}(\beta + 1) = I_{B_2}$.

$I_{C_2} = \beta_2 I_{B_2} = \beta_2 I_{E_1} = \beta_2 (\beta_1 + 1) I_{B_1}$.

Donc : $\beta = \beta_2(\beta_1 + 1) \approx \beta_1 \times \beta_2$.

$$\boxed{\beta \approx \beta_1 \times \beta_2}$$

Exo 4 :

Pour le montage de la figure IV.11.

Déterminer I_B, I_C, I_E, β et α.

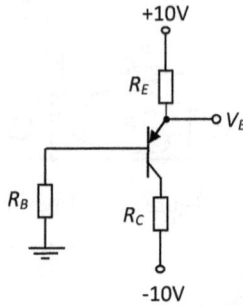

Figure IV.11 – Circuit de l'exercice 4

Données : $V_E = 2$V ; $R_E = R_C = 10$kΩ ; $R_B = 50$kΩ ; $V_C = 0,7$V.

Solution :

- $R_E I_E + V_E = 10$V $\Rightarrow I_E = \frac{10 - V_E}{R_E} = \frac{10-2}{10\text{k}} = 0,8$mA.

$\boxed{I_E = 0,8\text{mA}}$

- $V_B = V_E - 0,7 = 2 - 0,7 = 1,3$V.

$\boxed{V_B = 1,3\text{V}}$

- $I_B = \frac{V_B}{R_B} = \frac{1,3}{50\text{k}} = 0,026$mA.

$\boxed{I_B = 0,026\text{mA}}$

- $I_C = I_E - I_B = 0,8 - 0,026 = 0,774$mA.

$\boxed{I_C = 0,774\text{mA}}$

- $\beta = \frac{I_C}{I_B} = \frac{0,774}{0,026} = 29,769$.

$\boxed{\beta = 29,769}$

- $\alpha = \frac{\beta}{\beta+1} = \frac{29,769}{30,769} = 0,96749$.

$\boxed{\alpha = 0,96749}$

Chapitre V

Transistors à effet de champ

V.1 Introduction aux transistors à effet de champ

Le transitor à effet de champ a la particularité d'utiliser un champ électrique pour contrôler la conductivité d'un « canal » dans un matériau semi-conducteur.

Il existe plusieurs configurations, telles que :

- JFET (en anglais « Junction Field Effect Transitor »).
- MOSFET (en anglais « Metal Oxyde Semiconductor Field Effect Transistor »).
- MESFET (en anglais « MEtal Semiconductor Field Effect Transistor »).

Dans ce chapitre, le transistor JFET sera présenté. Il existe deux versions : **canal N** et **canal P** comportant trois électrodes.

- Une électrode qui injecte les porteurs dans la structure : la « source ».
- Une électrode qui receuille les porteurs : le « drain ».
- Une électrode où est appliquée la tension de commande : la « grille ».

La partie du semi-conducteur située sous la grille est souvent appelée le « canal ». La commande s'effectue par une tension et le courant traverse le canal "N" ou "P".

V.2 JFET-N

Le JFET à jonction canal N (voir figure V.1) est constitué d'une mince plaquette de silicium N qui va former le canal conducteur principal. Cette plaquette est recouverte partiellement d'une couche de silicium P de manière à former une jonction PN latérale par rapport au canal.

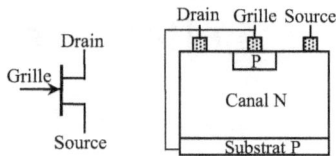

Figure V.1 – Transistor JFET-N

Le courant circulera dans le canal, rentrant par une première électrode, le drain et sortant par une deuxième, la source. L'électrode connectée à la couche de silicium P sert à commander la conduction du courant dans le canal. On l'appel la grille, par analogie avec l'électrode du même nom présenté sur les tubes à vides.

La jonction grille-canal polarisée en inverse, donc la grille doit être à un potentiel négatif par rapport à la source.

V.3 JFET-P

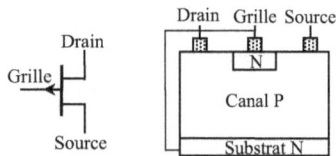

Figure V.2 – Transistor JFET-P

- Le canal est de type P, la grille de type N^+.
- Sens du courant : source $\longrightarrow$ drain, donc le drain est un potentiel négatif par rapport à la source.

- La jonction grille-canal est polarisée en inverse, donc la grille doit être à un potentiel <u>positif</u> par rapport à la source.

N.B :

Le transistor JFET fonctionne toujours avec la jonction grille-canal polarisée en inverse.

On considère que la commande du transistor JFET se fait par l'application d'une tension Grille-Source :

- V_{GS} **négative** dans le cas d'un type <u>N</u>.
- V_{GS} **positive** dans le cas d'un type <u>P</u>.

L'espace drain-source reçoit une tension de polarisation (tension V_{DS}).

Remarques concernant les courants

En fonctionnement normal, la jonction grille-canal est polarisée en inverse : le courant d'entrée I_G est donc négligeable. Les courants du drain et de la grille sont donc identiques ($I_D = I_S$ =courant du canal).

V.4 Mode de fonctionnement

V.4.1 En absence de tension V_{GS}

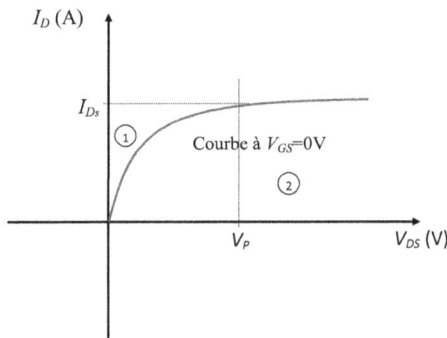

Figure V.3 – Mode de fonctionnement en absence de V_{GS}

⟹ Le canal drain-source conduit proportionnellement avec l'augmentation de la tension V_{DS}, le transistor se comporte comme une résistance (zone ohmique (1)).

⟹ Pour une certaine valeur de V_{DS}, le courant de drain I_D cesse de croître et devient constant. C'est la tension de pincement (V_P) qui correspond au courant de saturation I_D que l'on appelle I_{DS_s} (zone de saturation (2)).

V.4.2 En présence de tension V_{GS}

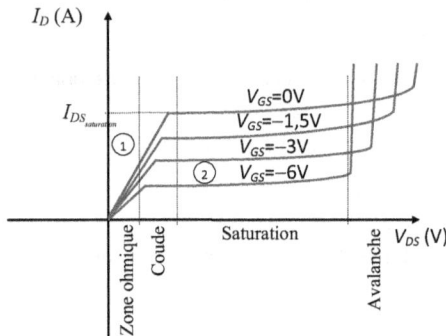

Figure V.4 – Mode de fonctionnement en présence de V_{GS}

⟹ Si maintenant on applique une tension V_{GS} à l'espace grille-source (polarisation de la jonction en inverse) et que l'on relève, comme précédemment, la valeur de I_D en fonction de V_{DS}, on constate pour ce courant, des valeurs plus faibles.

La tension V_P est atteinte plus tôt et correspond à un courant I_D moins élevé que I_{DS_s}. Cette nouvelle tension V_P' est égale à : $V_P' = V_P - V_{GS}$.

Plus V_{GS} augmente, plus le courant I_D diminue.

⟹ A partir d'un certain seuil de V_{GS}, le courant I_D s'annule.

On considère généralement que le courant I_D devient égal à zéro : $V_{GS} = V_P$.

Notes sur le phénomène d'avalanche

Il est destructeur pour le transistor. Il s'agit de la destruction de la jonction drain-grille.

La tension d'avalanche, notée $BVDG$ (en anglais « Break-Down Voltage Drain Grille) est donnée par la relation suivante : $BVDG = V_{DS} + V_{GS}$.

Grandeurs :

- Selon le type du transistor, V_P s'échelone entre $0, 5$V et 15V.
- $BVDG$ varie entre 3 et 25 fois V_P (en fonction du transistor).

Note sur la zone coude

Quand V_{DS} augmente, la valeur du courant drain résulte de deux phénomènes compétitifs : une croissance liée au caractère ohmique du canal et une diminution liée au pincement progressif de ce canal.

V.5 Résumé

JFET à canal N en fonctionnement normal

- V_{DS} est positive.
- V_{GS} est négative ou faiblement positive ($< 0, 6$V).
- Le courant de grille est quasiment nul ($I_G = 0$A).
- Le courant entre dans le transistor par le drain (I_D).
- Le courant sort du transistor par la source (I_S).

$\Downarrow$

Loi des nœuds : $I_S = I_D$.

JFET à canal P en fonctionnement normal

- V_{DS} est négative.
- V_{GS} est positive ou faiblement négative ($> -0, 6$V).
- Le courant de grille est quasiment nul ($I_G = 0$A).
- Le courant entre dans le transistor par la source (I_S).
- Le courant sort du transistor par le drain (I_D).

$\Downarrow$

Loi des nœuds : $I_S = I_D$.

BIBLIOGRAPHIE

1. M. H. Miller. *Introductory Electronics Notes*. University of Michigan, Dearborn, Michigan, USA, 2000.

2. H. Ma. *Fundamentals of Electronic Circuit Design*. University of Cambridge, United Kingdom, 2005.

3. C. Platt. *Encyclopedia of Electronic Components*. O'Reilly, USA, 2013.

4. R. C. Dorf. *The Electrical Engineering Handbook*. CRC Press, USA, 2000.

5. S. Gibilisco. Teach Yourself Electricity and Electronics. McGraw-Hill, 3rd Edition, USA, 2002.

www.ingramcontent.com/pod-product-compliance
Lightning Source LLC
Chambersburg PA
CBHW020315220326
41598CB00017BA/1564